高等学校艺术设计专业课程改革教材　普通高等教育"十三五"规划教材

建筑效果图手绘表现技法教程

（第2版）

文　健　尚龙勇　编著

U0234916

清华大学出版社
北京交通大学出版社
·北京·

内 容 简 介

本书内容共分为五章，第一章介绍建筑效果图手绘表现技法的概念、特点、分类和画法步骤；第二章介绍建筑效果图手绘表现技法的画法技巧，主要从建筑配景的手绘表现技法和建筑场景的手绘表现技法两个角度进行分类讲解；第三章介绍民居建筑手绘表现，并结合中国各地的特色民居进行分类讲解；第四章介绍别墅和城市现代建筑手绘表现；第五章为优秀建筑效果图手绘作品欣赏。

本书论述范围广泛，内容详尽，理论讲解细致，条理清晰，语言朴实，图文并茂，可作为高等院校建筑设计和环境艺术设计等专业的教材使用，还可以作为行业爱好者的自学辅导用书。

图书在版编目（CIP）数据

建筑效果图手绘表现技法教程／文健，尚龙勇编著. —2 版. —北京：北京交通大学出版社：清华大学出版社，2017.8

高等学校艺术设计专业课程改革教材　普通高等教育"十三五"规划教材

ISBN 978-7-5121-3315-0

Ⅰ.① 建…　Ⅱ.① 文…　② 尚…　Ⅲ.① 建筑画-绘画技法-高等学校-教材　Ⅳ.① TU204

中国版本图书馆 CIP 数据核字（2017）第 184847 号

建筑效果图手绘表现技法教程
JIANZHU XIAOGUOTU SHOUHUI BIAOXIAN JIFA JIAOCHENG

责任编辑：吴嫦娥

出版发行：清 华 大 学 出 版 社　　邮编：100084　　电话：010-62776969　　http://www.tup.com.cn

　　　　　北京交通大学出版社　　邮编：100044　　电话：010-51686414　　http://www.bjtup.com.cn

印 刷 者：北京宏伟双华印刷有限公司

经 　 销：全国新华书店

开 　 本：210 mm×285 mm　　印张：11　　字数：415 千字

版 　 次：2017 年 8 月第 2 版　　2017 年 8 月第 1 次印刷

书 　 号：ISBN 978-7-5121-3315-0/TU·164

印 　 数：1～3 000 册　　定价：56.00 元

本书如有质量问题，请向北京交通大学出版社质监组反映。对您的意见和批评，我们表示欢迎和感谢。

投诉电话：010-51686043，51686008；传真：010-62225406；E-mail：press@bjtu.edu.cn。

前　言

　　"建筑效果图手绘表现技法"是建筑设计与环境艺术设计专业的一门专业课。它是通过绘画的手段，形象而直观地描绘建筑外观造型，并表达建筑设计意图的一种徒手绘画表现形式，具有很强的艺术表现力和感染力。它可以让建筑设计师在短时间内，随时、随地地记录一些建筑形态的结构关系和特征，这些进入设计构思之前完成的建筑速写草稿，无论是根据具体的设计题目有目的地收集的，还是为了今后的设计而进行的素材储备，都是十分必要的。

　　本书内容共分为五章，第一章介绍建筑效果图手绘表现技法的概念、特点、分类和画法步骤；第二章介绍建筑效果图手绘表现技法的画法技巧，主要从建筑配景的手绘表现技法和建筑场景的手绘表现技法两个角度进行分类讲解；第三章介绍民居建筑手绘表现，并结合中国各地的特色民居进行分类讲解；第四章介绍别墅和城市现代建筑手绘表现；第五章为优秀建筑效果图手绘作品欣赏。

　　本书理论讲解清晰，示范步骤直观，通俗易懂，深入浅出，训练方法科学有效，学生如能坚持按照书中的方法训练，在短时间内就可以使自己的手绘建筑效果图表现水平得到较大提高。本书所收录的大量精美图片资料具备较高的参考价值和收藏价值，可以提升学生的审美修养。本书可作为高等院校建筑设计和环境艺术设计专业的基础教材，也可以作为业余爱好者的自学辅导用书。

　　本书在编写过程中得到了广东白云工商技师学院艺术系和江西庐山西海艺术学院广大师生的大力支持和帮助，在此一并感谢。由于编者的学术水平有限，本书可能存在一些不足之处，敬请读者批评指正。

　　限于版面原因，更多精美的建筑效果图手绘表现图片，可通过扫描本书二维码，登录加阅平台来欣赏。

文　健

2017 年 8 月

目　录

第一节　建筑效果图手绘表现技法的基本概念、特点与分类

一、建筑效果图手绘表现技法的概念

建筑效果图手绘表现技法是指通过绘画的手段，形象而直观地描绘建筑外观造型，并表达建筑设计意图的一种徒手绘画表现形式。它具有很强的艺术表现力和感染力，观赏性较强。建筑效果图手绘表现技法需要绘制者具备良好的美术基本功和艺术审美能力，以便能将建筑的造型特征在短时间内构思和表达出来。手绘的表现方式已经成为建筑设计师收集设计素材、传达设计情感、表达设计理念和表述设计方案最直接的"视觉语言"。

手绘建筑效果图不同于电脑建筑效果图。电脑建筑效果图真实感强，但制作时间长，成本高。手绘建筑效果图的优势如下。其一，可以方便快捷地传达建筑设计师的设计意图，将建筑设计师心中所想的初步方案寥寥数笔，简单明了地表现出来，为下一步的深入方案设计做好准备。建筑设计师用手绘建筑效果图来表现自己的设计是最直接、最有效的方法。对于建筑设计师来说，能够将自己的设计构思在短时间内迅速地转换成普通人一目了然的画面，是其设计能力的最好证明。手绘建筑效果图已经成为专业建筑设计师与非专业人员沟通的最好媒介和桥梁。其二，可以收集大量的建筑创作素材，激发创作灵感，为今后的设计创作做好准备。优秀的建筑设计师应该善于利用手绘建筑效果图来表达设计思维，完善设计构思，创造出完美的设计作品。手绘能力的高低也在一定程度上体现着建筑设计师专业水平的高低。

二、建筑效果图手绘表现技法的特点

1. 设计性

建筑效果图手绘表现技法的主要价值在于把大脑中的设计构思在短时间内表达出来。手绘表达的过程是设计思维由大脑向手延伸，并最终艺术化地表现出来的过程。在设计的初始阶段，这种"延伸"是最直接和最富有成效的，一些好的设计想法往往通过这种方式被展现和记录下来，成为完整设计方案的原始素材。设计性是建筑效果图手绘表现技法最重要的特点。现在许多建筑设计师在努力提高手绘的艺术表现技巧，让画面看上去更加美观，这其实偏离了手绘建筑效果图的本质。片面追求表面修饰，无异于舍本逐末，对设计水平的提高没有太大帮助。手绘建筑效果图是与建筑设计的原始构思挂钩的，通过手绘的方式将各种构思的造型绘制出来，并进行分解和重组，创造出新的造型样式。这种设计的推敲过程才是设计创作的本源，也是手绘建筑效果图应该表达的核心内容。

2. 科学性

手绘建筑效果图是工程图和艺术表现图的结合体，它要求表达出工程图的严谨性和艺术表现图的美观性。其中，前者是基础内容，后者是形式手段，两者相辅相成，互为补充。作为工程图的前身，手绘建筑效果图具有严谨的科学性和一定的图解功能。如空间结构的合理表达、透视比例的准确把握、材料质感的真实表现等。只有重视手绘建筑效果图的科学性，才能为下一步的深化设计打下坚实的基础。

3. 艺术性

手绘建筑效果图表现是建筑设计师艺术素养与表现能力的综合体现，它以其自身的艺术魅力和强烈

的感染力向人们传达着创作思想、设计理念和审美情感。手绘建筑效果图的艺术化处理，在客观上对设计是一个强有力的补充。设计是理性的，设计表达则往往是感性的，而且最终必须通过有表现力的形式来实现，这些形式包括形状、线条和色彩等。手绘建筑效果图的艺术性决定了建筑设计师必须追求形式美感的表现技巧，将自己的设计作品艺术地包装起来，更好地展现给公众，正如英国文学家毛姆所说："伟大的艺术从来就是最富于装饰价值的。"

三、建筑效果图手绘表现技法的分类

建筑效果图手绘表现技法按表现内容可分为建筑民居写生技法、别墅效果图手绘表现技法和城市现代建筑效果图表现技法等；按表现方式可分为精细建筑效果图表现技法和概念草图。如图 1-1～图 1-5 所示。

图 1-1　建筑民居写生效果图　文健　作

图1-2 别墅效果图手绘 翁晓峰 作

图1-3 城市现代建筑效果图 崔笑声 作

图 1-4　精细建筑效果图　文健　作

图 1-5　手绘概念草图　胡华中　作

四、建筑效果图手绘表现技法的工具

好的工具是画好一幅手绘建筑效果图的前提。"巧妇难为无米之炊",没有好的工具做保证,技术再高的建筑设计师也只能望图兴叹。手绘表现的工具主要有以下几类。

1. 笔

包括钢笔、针管笔、彩色铅笔、马克笔等。

钢笔笔头坚硬,所绘线条刚直有力,是徒手表现的首选工具。钢笔有普通钢笔和美工钢笔两种。普通钢笔画的线条粗细均匀,挺直舒展;美工钢笔画的线条粗细变化丰富,线面结合,立体感强。两种钢笔各有特点,可以配合在一起使用。

针管笔有金属针管笔和一次性针管笔两种,0.1、0.2、0.3、0.4、0.5、0.6、0.7 等不同型号。可根据不同的绘制要求选择不同型号的针管笔,其绘制的线条流畅细腻,细致耐看。

彩色铅笔有水溶性和蜡性两种,其色彩丰富,笔触细腻,可表现较细密的质感和较精细的画面。

马克笔有油性、水性和酒精性之分。笔头宽大,笔触明显,色彩退晕效果自然,可表现大气、粗犷的设计构思草图。

2. 纸

可采用较厚实的铜版纸、高级白色绘图纸和复印纸等,要求纸质白皙、紧密,吸水性较好。

3. 其他工具

建筑效果图手绘表现技法的其他工具有直尺、曲线板、橡皮、铅笔、图板、丁字尺、三角尺、透明胶带等。

建筑效果图手绘表现技法的工具如图 1-6 所示。

图1-6　建筑效果图手绘表现技法的工具

五、建筑效果图手绘表现技法的学习方法

建筑效果图手绘表现技法是一门实践性很强的课程，需要制订科学的训练计划和行之有效的学习方法。首先要有一个良好的心态，避免浮躁情绪，以及好高骛远、急功近利的做法，坚持从点滴做起，一步一个脚印，扎扎实实地去学。其次要制订科学有效的训练计划，并严格按照计划去训练和提高，切不可半途而废。建筑效果图手绘表现技法可以从以下两个方面来进行训练。

1. 钢笔线条的训练

建筑效果图手绘表现技法主要通过钢笔或针管笔来勾画形体轮廓，塑造形体形象，因此，钢笔线条的练习成为手绘训练的重点。钢笔线条本身就具有无穷的表现力和韵味，它的粗细、软硬、虚实、刚柔和疏密等变化可以传递出丰富的质感和情感。

钢笔线条主要分为慢写线条和速写线条两类。

慢写线条注重表现线条自身的韵味和节奏，绘制时要求用力均匀，线条流畅、自然。通过训练慢写线条，不仅可以提高手对钢笔线条的控制力，使脑与手的配合更加完美，而且可以锻炼绘画者的耐心和毅力，为设计创作打下良好的心理基础。慢写线条练习如图1-7所示。

速写线条注重表现线条的力度和速度，绘制时用笔较快，线条刚劲有力，挺拔帅气。通过训练速写线条，可以提高绘画者的概括能力和快速表现能力。速写线条练习如图1-8所示。

具体来说，钢笔线条的训练可分为以下三个阶段。

首先是练笔。培养手、眼、脑的相互协调能力和表现能力，以期能够快速而准确地再现所要表现的物象。在这一阶段，初学者必须打好基础，可以放松地在纸上画方、画圆，画长线、短线等，使手更加灵活、舒展。如图1-9所示。

其次，练习手对线条的控制。有目的地在纸上画长短均匀、间隔一致的水平直线、水平波浪线、垂直线和交叉线等，使手能够被大脑所控制，达到心手合一的绘制要求。这种练习有助于初学者打下扎实的基本功，对今后准确地塑造形体起着重要的作用。如图1-10所示。

最后，要练习运用钢笔线条熟练绘制建筑手绘概念草图的能力。钢笔线条下笔肯定，落笔无悔，不易修改。所以，练习时要大胆用笔，表现出钢笔线条特有的力度感、流畅感和韵律感。如图1-11所示。

图 1-7　慢写线条练习

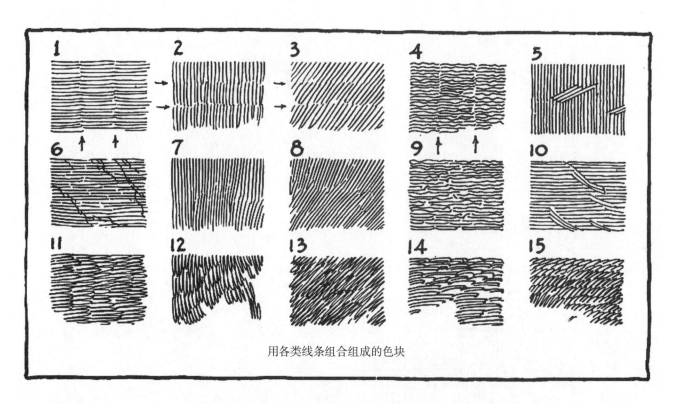

用各类线条组合组成的色块

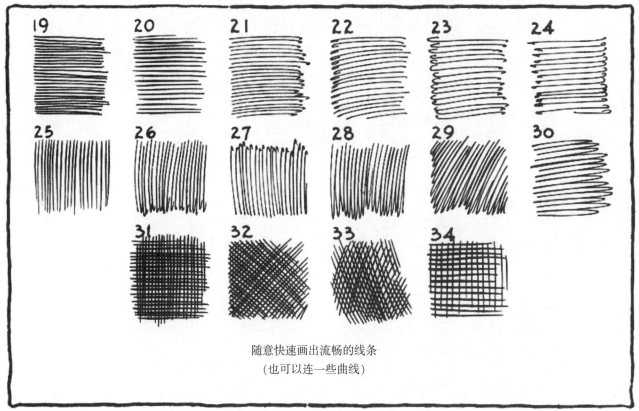

随意快速画出流畅的线条
（也可以连一些曲线）

图 1-8　速写线条练习

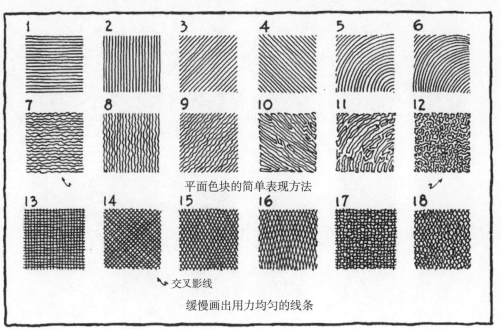

平面色块的简单表现方法

交叉影线

缓慢画出用力均匀的线条

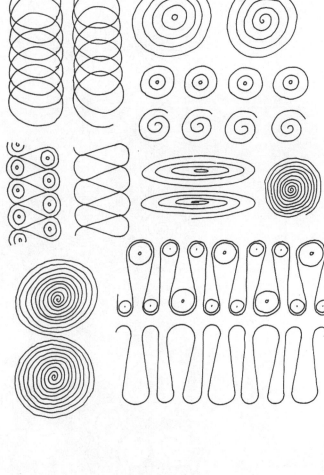

图 1-9 钢笔线条的训练（第一阶段）

图 1-10　钢笔线条的训练（第二阶段）

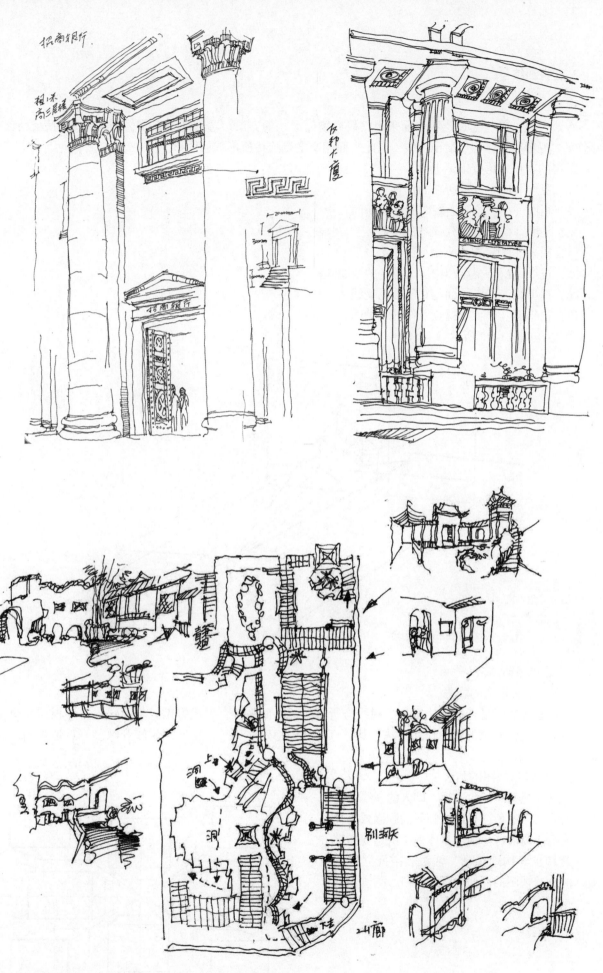

图 1-11　钢笔线条的训练（第三阶段）　关未　作

2. 透视训练

1) 透视的概念

所谓透视，是指通过透明平面来观察研究物体形状的方法。透视图是在物体与观者之间假设有一透明平面，观者对物体各点射出视线，与此平面相交之点连接所形成的图形。

透视的常用术语有以下七个。

(1) 视点 (E)：人眼所在的位置。

(2) 画面 (P)：绘制透视图所在的平面。

(3) 基面 (G)：放置建筑物的平面。

(4) 视高 (H)：视点到地面的距离。

(5) 视线 (L)：视点和物体上各点的连线。

(6) 视平线 (C)：画面与视平面的交线。

(7) 视平面 (F)：过视点所作的水平面。

透视图如图 1-12 所示。

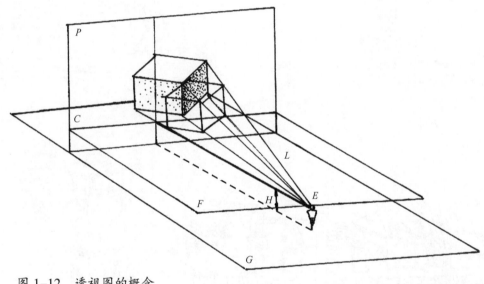

图 1-12 透视图的概念

2) 透视图的画法

(1) 一点透视图的画法。

一点透视又叫平行透视，即人的视线与所观察的画面平行，形成方正的画面效果，并根据视距使画面产生进深立体效果的透视作图方法。其特点为构图稳定、庄重，空间效果较开敞。一点透视图的画法如图 1-13 所示。

(2) 两点透视图的画法。

两点透视又叫成角透视，即人的视线与所观察的画面成一定角度，形成倾斜的画面效果，并根据视距使画面产生进深立体效果的透视作图方法。其特点为构图生动、活泼，空间立体感较强。两点透视图的画法如图 1-14 所示。

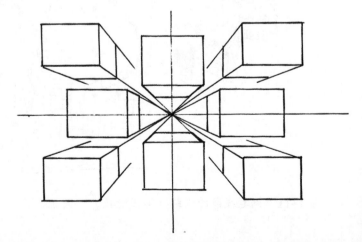

图 1-13 一点透视图的画法

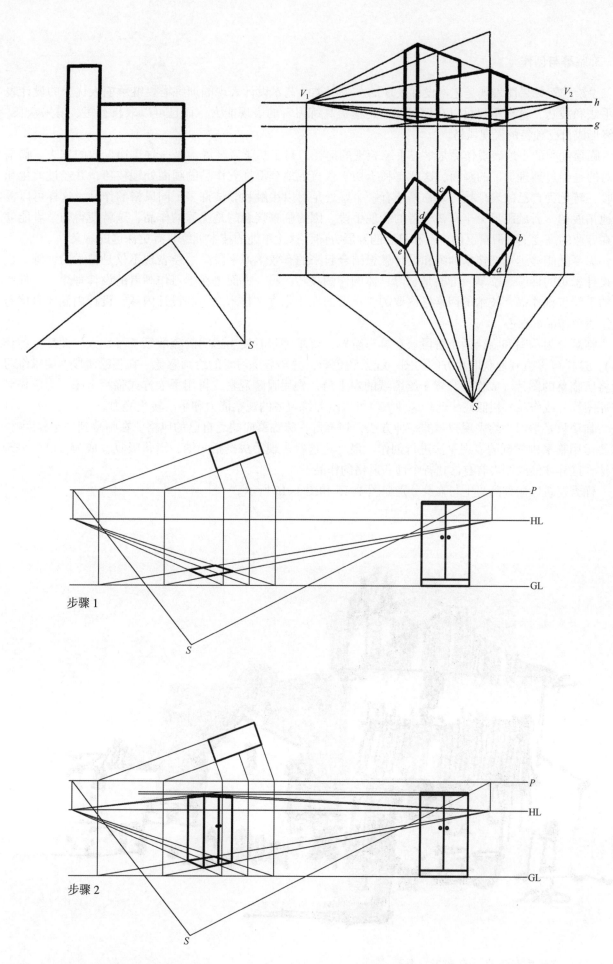

步骤1

步骤2

图 1-14　两点透视图的画法

3. 临摹与创作

手绘建筑效果图表现是艺术设计表现的一个门类，艺术设计表现的训练需要继承前人优秀的设计表现手法和技巧，这样不仅可以在短时间内迅速提高练习者的表现能力，而且可以取长补短、博采众长，最终形成自己独特的表现风格。

临摹优秀的手绘表现作品是学习手绘表现的捷径，对于初学者来说，是一种迅速见效的方法。临摹面对的是经过整理加工的画面，这就有利于初学者直观地获得优秀作品的画面处理技巧，并经过消化和吸收，转化为自己的表现技巧。临摹还有一个好处是可以接触和尝试许多不同风格的作品，这样可以极大地拓展初学者的眼界，丰富初学者的表现手段。因为临摹接触的是优秀的作品，这就使得初学者能够站在专业的高度上看清自己的位置和日后的发展方向，这比单纯的技术训练具有更深远的意义。

临摹是能够迅速把技术训练和设计思想结合起来的有效学习手段。手绘表现不仅是技术的训练，也是设计思想的训练。临摹一方面是学习具体的作画技巧，另一方面也在学习作画者的设计理念。一件优秀的手绘表现作品，技术的因素是次要的，重要的在于隐含在技术之中的设计内涵，设计内涵才是优秀手绘表现作品的核心。

临摹分为摹写和临绘两个阶段。在摹写阶段，要求练习者使用透明的硫酸纸临摹别人的图片（或作品），这样可以直观地获取对方的构图、线条和色彩，并培养练习者的绘画感觉。在临绘阶段，要求练习者将所临摹的图片（或作品）置于绘图纸的左上角，先用眼睛观察，再用手绘方式临绘下来，力求做到与原图片（或作品）相似或相近。这种练习可以培养练习者的观察能力和手绘转化能力。

临摹只是学习手绘表现技巧的一种方法，切不可一味临摹而缺乏自己的风格，在临摹到一定程度时，就要运用临摹中学到的表现手法进行创作，最终将这些表现手法概括归纳，消化吸收，成为自己的表现手法，这样才能绘制出有自己独特个性和风格的作品。

优秀建筑民居作品写生与临摹分别如图 1-15 和图 1-16 所示。

图 1-15　建筑民居写生　奥利弗　作

图1-16　建筑民居临摹　文健　临

1. 绘制慢写线条100条。
2. 绘制速写线条50条。
3. 临摹手绘建筑效果图5幅。

第二节　建筑效果图手绘表现技法的画法步骤

建筑效果图手绘表现技法的画法步骤主要分为建筑线描手绘表现图画法步骤和建筑着色手绘表现图画法步骤。

一、建筑线描手绘表现图画法步骤

（1）选择最能体现建筑场景特征的角度和观察距离进行初步构图，用铅笔勾画建筑物的大体轮廓。这一步重点注意建筑几何体的透视关系和整体画面的布局，可以抛开建筑的细节，着眼于基本形的准确性。如图1-17所示。

图1-17　建筑线描手绘表现图画法步骤1

（2）从画面主景入手进行刻画，注意景物之间的比例和空间层次。绘制景物时通常按照从上到下或从左到右的次序，这样可以避免手掌弄脏画面。如图 1-18 所示。

（3）根据画面主次的需要画出主景周边的配景。如图 1-19 所示。

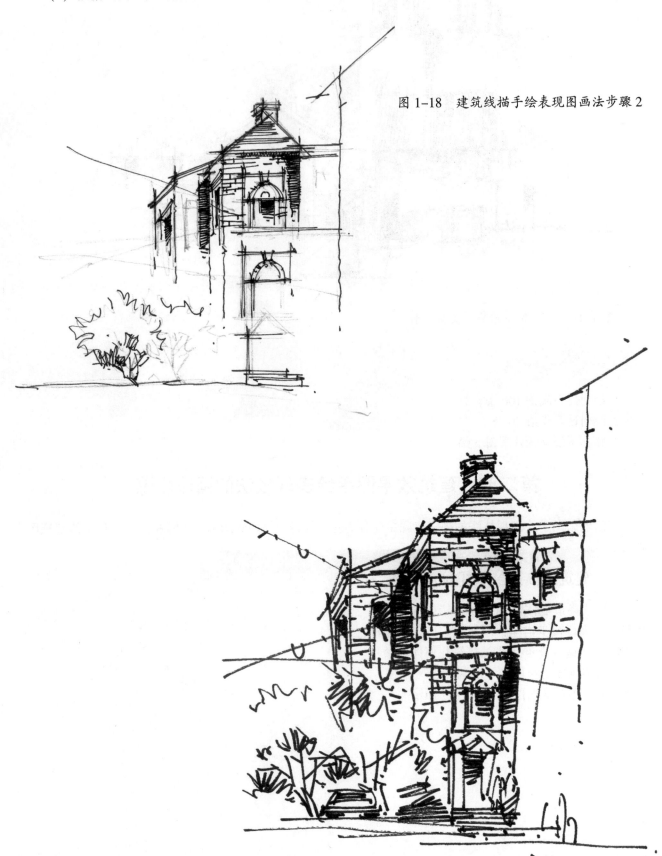

图 1-18　建筑线描手绘表现图画法步骤 2

图 1-19　建筑线描手绘表现图画法步骤 3

二、建筑着色手绘表现图画法步骤

（1）选择一幅建筑写生线稿，分析画面的构图，在大脑中初步形成着色的重点和中心区域，考虑用什么色彩组合来表现。如图1-20所示。

（2）用马克笔的暖灰色系列从画面的中心入手，将主要建筑景观的明暗素描关系表达出来。如图1-21所示。

（3）根据真实建筑的色彩画出建筑的固有色、光源色和环境色。如图1-22所示。

建筑着色手绘表现图画法步骤及建筑效果图手绘表现图如图1-23～图1-28所示。

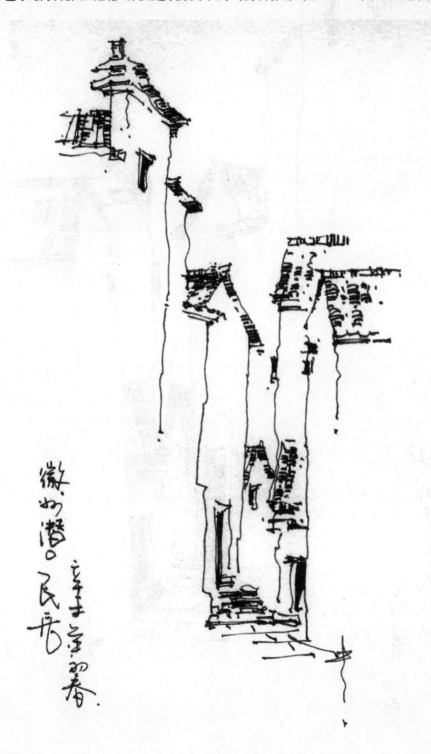

图1-20　建筑着色手绘表现图画法步骤1

图 1-21　建筑着色手绘表现图画法步骤 2

图 1-22　建筑着色手绘表现图画法步骤 3

图 1-23　建筑着色手绘表现图画法步骤（1）　文健　作

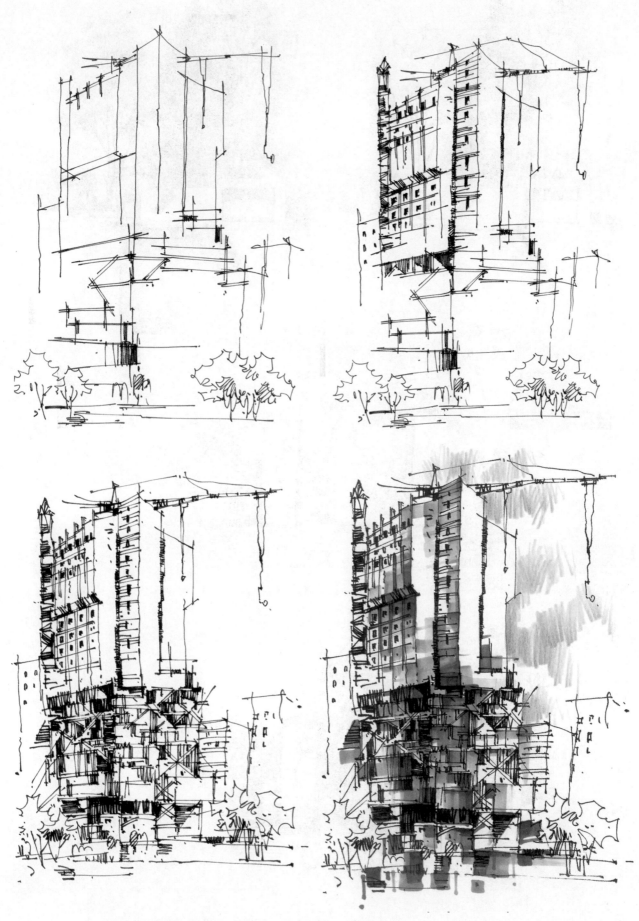

图 1-24　建筑着色手绘表现图画法步骤（2）　文健　作

图 1-25　建筑着色手绘表现图画法步骤 (3)　文健　作

图 1-26 建筑着色手绘表现图画法步骤 (4) 文健 作

图 1-27　建筑着色手绘表现图画法步骤（5）　文健　作

图1-28 建筑效果图手绘表现图 胡华中 作

1. 按照建筑线描手绘表现图画法步骤绘制5幅建筑线描写生。
2. 按照建筑着色手绘表现图画法步骤绘制3幅建筑着色效果图。

第一节 建筑配景的手绘表现技法

一、树的画法

树木是建筑效果图手绘表现的主要配景之一。树的种类繁多，外观特征多变，其基本结构分为树叶、树枝、树干和树根。树的类型主要有针叶类和阔叶类两种。针叶类树木包括松树、柏树和杉树等，树形多呈伞形和圆锥形；阔叶类树木包括榕树、樟树和桃树等常绿乔木和灌木，树形多呈圆形和卵形。

画树要见枝见叶，有虚有实，有收有放，一定要表现出树的层次，在表现层次时可以采用前景"压"后景、后景"托"前景的方法。不同的树具有不同的特征，绘制时要多观察，抓住特点。

1. 树叶的画法

树叶的画法有勾线法、圈线法和描线法等。画树叶时应注意其凹凸起伏变化和大小疏密变化，以及对整体树形的控制。树叶的画法如图 2-1～图 2-3 所示。

图 2-1 树叶的画法（1） 文健 作

图2-2 树叶的画法（2） 文健 作

图 2-3　树叶的画法（3）　徐方金　作

2. 树干和树枝的画法

　　树干和树枝是树的骨骼。在绘制树干时应表现出不同的纹理特征，体现出树皮的生动性和多样性。同时，还要注意树干与树枝的生长关系。在绘制树枝时应注意树枝之间的穿插交错关系，由树干向顶部呈放射状态，下粗上细，下疏上密，如图 2-4 所示。

　　树的形状千变万化，有的坚韧挺拔，有的婀娜多姿，有的疏影横斜，有的遒劲朴拙。表现时要抓住树的典型特征，切忌千篇一律。树的画法如图 2-5 和图 2-6 所示。

图 2-4　树干和树枝的画法　刘远智（左上图、左下图）、文健（右上图）、
　　　尚龙勇（中图、右下图）　作

图 2-5 树的画法 (1) 胡华中 作

图 2-6　树的画法（2）　文健（左上图、右上图）、夏克梁（下图）　作

二、石头的画法

石头是建筑效果图手绘表现的重要配景之一。石头具有坚硬、粗犷的特点，绘制石头时应体现出块面的感觉，宁方勿圆。此外，还要根据光线的变化，表现出石头的光影层次和立体感，即所谓"石分三面"。石头的画法如图 2-7 和图 2-8 所示。

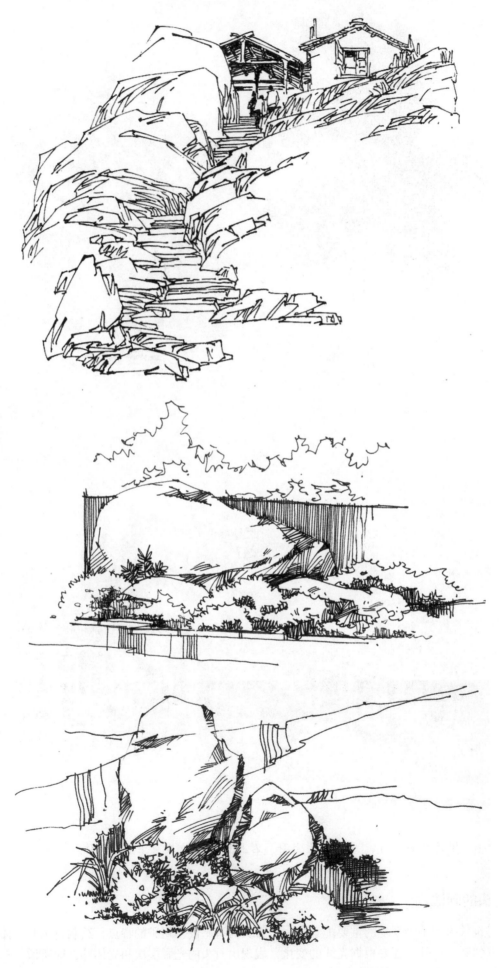

图 2-7　石头的画法 (1)　刘远智 (上图)、文健 (中图、下图)　作

图 2-8　石头的画法（2）　胡华中（上图）、杨健（下图）　作

三、水的画法

水是手绘建筑效果图经常表现的配景。水有静态和动态之分，也有清澈和混浊之别。静态的水常有倒影，且倒影的形状与实景相似、稍长，表现出若隐若现的感觉，轮廓比实景模糊，明暗对比也较弱。倒影可以用统一方向的横向或竖向线条排列表达，线条要有微微颤动之感。动态的水常用波浪线表现波浪和水波荡漾滚动之感。此外，还要注意表现出水面的虚实关系。水的画法如图 2-9 和图 2-10 所示。

图 2-9　水的画法（1）　文健　作

图 2-10　水的画法（2）　闫杰　作

 思考与练习

　1. 绘制 5 幅树的手绘表现。

　2. 绘制 5 幅石头的手绘表现。

　3. 绘制 5 幅水的手绘表现。

第二节　建筑场景的手绘表现技法

一、建筑场景的构图

　　所谓构图，包含两层含义：其一是指把所描绘的对象安排在画面的适当位置，做到画面饱满、主次分明、疏密得当、虚实有度、大小适中、层次丰富，即布局；其二是指把众多的视觉元素在画面中有机地组合起来，形成既对比又统一的视觉平衡，即构成。布局是具象的，构成则是抽象的，两者相互联系，互为补充，相辅相成。

　　在建筑场景的构图中，通常把景物分为近景、中景和远景三个景观空间层次。中景是整个建筑效果图的核心和视觉中心，需要重点刻画，深入细致地描绘，形成画面的主体。近景和远景是陪衬，运用简练、概括的手法表达即可。

　　建筑场景的构图要遵循形式美的法则，如协调、均衡、对比、节奏、韵律等。常见的构图形式有对称式、均衡式、隧道纵深式、曲线式和边角式等，如图2-11～图2-16所示。

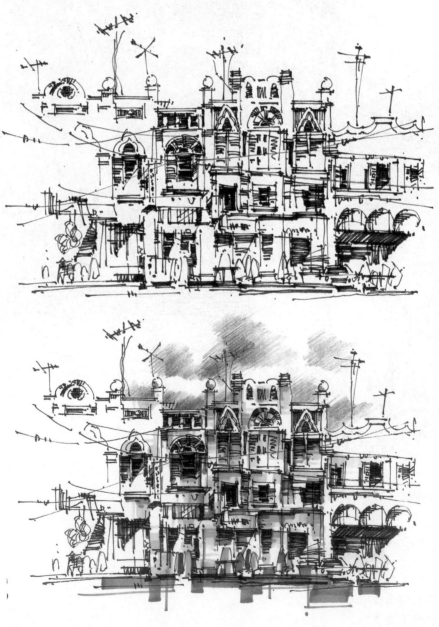

图2-11　对称式构图　文健　作

图 2-12 均衡式构图 (1) 文健 作

图 2-13 均衡式构图 (2) 文健 (左上图、右上图)、汪雨 (下图) 作

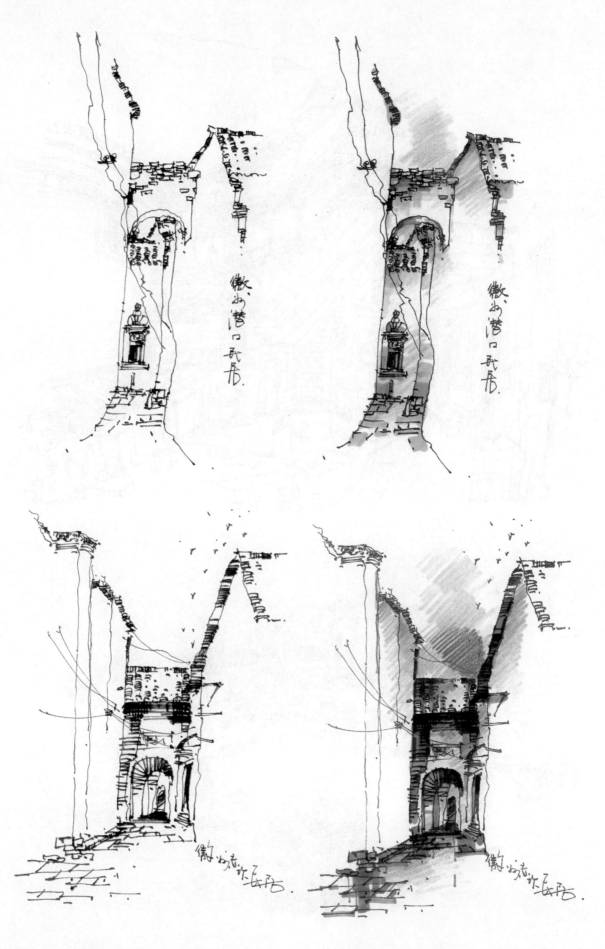

图 2-14　隧道纵深式构图　文健　作

图 2-15　曲线式构图　郑科（上图）、汪雨（下图）　作

图 2-16 边角式构图 蔡洪（上图）、胡华中（下图） 作

在建筑场景的构图中应处理好以下几个方面的内容。

1. 幅式选择和取景

构图有横竖式之分，横构图有安定、平稳、开阔之感，适用于表现较宽阔的场景；竖构图有高耸上升之势，使空间雄伟、挺拔，有气势，适用于表现较高的建筑物。如图 2-17～图 2-19 所示。

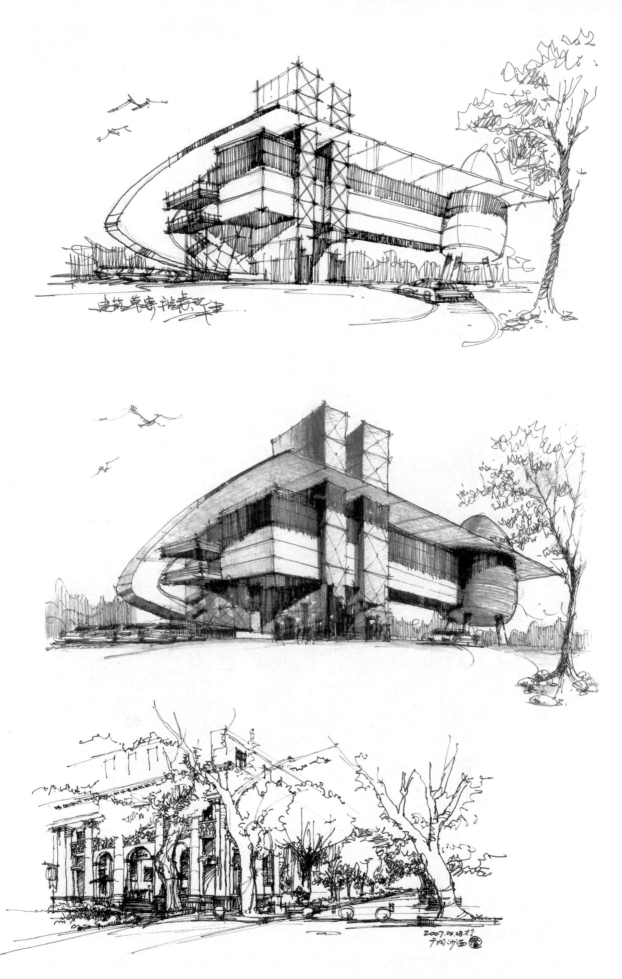

图 2-17　采用横构图的手绘建筑效果图　文健（上图）、崔笑声（中图）、裴爱群（下图）　作

图 2-18　采用竖构图的手绘建筑写生（1）　文健（左上图、右下图）、
　　　　刘树（右上图）、杨健（左下图）　作

图 2-19　采用竖构图的手绘建筑写生（2）　文健　作

　　取景主要要求作画者在面对纷繁复杂的景物时要进行主观的裁剪和取舍，甚至移景。取景时，有人喜欢用双手的拇指和食指呈 90°交叉为方框状来制成一个简易的取景框，上下、左右、前后移动来进行取景，这是一种不错的方法。当然，主要还是要通过作画者大脑的处理，对景物进行合理的夸张和取舍，发现美，创造美。

2. 画面的均衡感和空间层次感的体现

　　画面的均衡感是指画面构图要在视觉上达到平衡和稳定的感觉。均衡可以使画面效果看上去更加协调、自然。均衡感的营造可以通过改变画面左右两端景物的疏密、虚实和深浅关系来实现。如图 2-20 和图 2-21 所示。

图 2-20　均衡式构图的手绘建筑效果图　尚龙勇　作

图 2-21　均衡式构图的手绘建筑写生　文健　作

画面的空间层次感主要通过画面中景物的远近虚实和明暗深浅来体现。如图 2-22 和图 2-23 所示。

3. 画面视觉中心的营造

构图要有主次、轻重之分，主要的景物是画面中绘制的重点，是在一定范围内引起人们注意的目标，是画面的视觉中心。视觉中心在空间上引起一定的注视和引导，成为画面的主景。表现视觉中心可以采用"焦点法"，即：主景实，配景虚；主景重点刻画，配景寥寥数笔。如图 2-24 和图 2-25 所示。

图 2-22 体现画面空间层次感的手绘民居写生 王闽松 (上图)、文健 (下图) 作

图 2-23　体现画面空间层次感的手绘建筑写生　裴爱群　作

图 2-24　体现画面视觉中心的手绘建筑写生（1）　杨万良（上图）、文健（下图）　作

图 2-25　体现画面视觉中心的手绘建筑写生（2）　赵国斌（上图）、胡华中（下图）　作

4. 画面节奏感和韵律感的体现

画面节奏感和韵律感是指景物呈现出来的有秩序的重复和变化所产生的美感。画面节奏感和韵律感的体现主要通过线条的变化来实现。线条高低、错落、疏密、长短、粗细、曲直的变化是形成画面节奏感和韵律感的主要手段。如图 2-26 和图 2-27 所示。

图 2-26　体现画面节奏感和韵律感的手绘建筑民居写生
　　　　　裴爱群（上图）、文健（下图）　作

图 2-27 体现画面节奏感和韵律感的手绘建筑写生 郑昌辉 作

二、建筑场景的线条表现

建筑场景的线条表现主要有白描和光影线描两种形式。

白描就是以单一的墨线勾画物象，不表达明暗效果的建筑场景的手绘表现技法。白描注重表现线条自身的魅力，运用流畅自如、跌宕起伏的线条塑造物象。

光影线描就是通过线条的疏密排列组合，构成明暗色调的建筑场景的手绘表现技法。它可以使画面的层次更加丰富，对比效果更加强烈。如图 2-28～图 2-31 所示。

图 2-28　白描建筑民居写生　赵金秋　作

图 2-29　光影线描建筑民居写生　文健（上图）、彭世翔（下图）　作

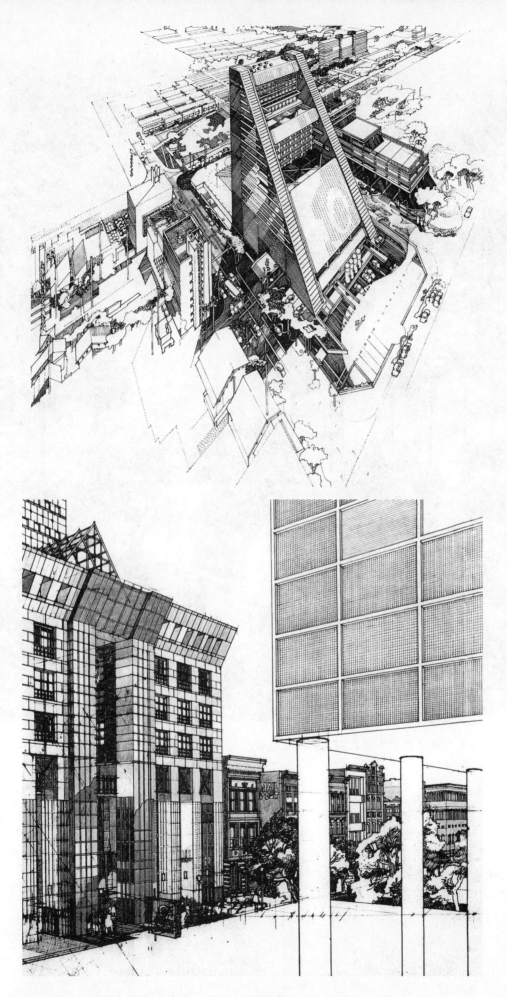

图 2-30　光影线描城市建筑写生　约翰内斯·默勒　作

图 2-31　光影线描景观建筑写生　国外某园林景观设计公司作品

1. 构图包含哪两层含义?

2. 常见的建筑场景的构图形式有哪些?

3. 绘制 10 幅建筑场景手绘。

中国是世界四大文明古国之一，有着悠久的历史和辉煌的文化。中国的古建筑是世界上历史最悠久、体系最完整的建筑体系。从单体建筑到院落组合，从城市规划到园林设计，中国古建筑在各个方面都在世界建筑史中处于领先地位。

中国传统风格的建筑以汉族文化为核心，深受佛、道、儒三教的影响，具有鲜明的民族性和地方特色。中国传统风格的建筑以木建筑为主，主要采用梁柱式结构和穿斗式结构。木建筑充分发挥木材的性能，构造科学，构件规格化程度高，并注重对构件的艺术加工。中国传统风格的建筑注重与周围环境的和谐、统一，布局匀称、均衡，井然有序。其中，最具有代表性的是中国各地的民居和园林建筑。

中国疆域辽阔，历史悠远，各地自然和人文环境不尽相同，因而中国民居呈现出多样性的特点。中国民居结合当地的自然环境和气候条件，因地制宜，具有丰富的心理效应和超凡的审美意境，注重以最简便的手法创造出最宜人的居住环境。其代表有徽派民居、江南水乡民居、巴蜀民居、山西大院民居、北京四合院民居、福建客家民居和湘西民居等。

1. 徽派民居建筑手绘表现

徽派民居主要分布在安徽省的皖南地区。这里在清朝末年由于徽商的崛起而富甲一方，形成了以宏村、西递和塔川等为代表的民居古村落。徽派民居风格自然古朴，清秀典雅，不矫饰做作，自然大方，顺乎形势，与大自然保持着天然的和谐。粉墙、黑瓦、天井和马头墙是徽派民居的主要建筑元素。徽派民居的建筑风格可以归纳为"三绝""三雕"，三绝指民居、祠堂和牌坊；三雕指木雕、石雕、砖雕。

徽派民居集中反映了徽州的山地特征、风水意愿和地域美饰倾向，其结构多为院落式结构，一般坐北朝南，倚山面水。布局以中轴线对称为主，面阔三间，中为厅堂，两侧为室，厅堂前方称"天井"，采光通风好，亦有"四水归堂"的吉祥寓意。民居外观整体性和美感很强，高墙封闭，马头翘角，墙线错落有致，黑瓦白墙，色彩典雅大方。在装饰方面，大都采用精致的雕刻工艺，如砖雕的门罩，石雕的漏窗，木雕的窗棂、楹柱等，使整个建筑精美异常。

徽派民居建筑及手绘表现如图3-1～图3-7所示。

图3-1　徽派民居建筑的代表（宏村）

图 3-2　徽派民居建筑

图 3-3　徽派民居建筑手绘表现（1）　文健　作

图 3-4　徽派民居建筑手绘表现 (2)　文健　作

图 3-5　徽派民居建筑手绘表现 (3)　文健 (上图、中图)、李明同 (下图)　作

图3-6 徽派民居建筑手绘表现（4） 李明同 作

图 3-7 徽派民居建筑手绘表现（5） 李明同 作

2. 江南水乡民居建筑手绘表现

    江南水乡民居主要分布在江苏和浙江两省，这里自古以来就山清水秀，花红柳绿，自然风光得天独厚，是一个才子佳人辈出的地方。古人形容江南美景为："小桥、流水、人家。"

    江南水乡民居以江南六大名镇为代表，分别是江苏的周庄、同里、甪直和浙江的乌镇、西塘、南浔。江南水乡民居具有"镇为泽园，四面环水""咫尺往来，皆须舟楫"的典型江南水乡风貌。镇内河道多呈"井"字形，民居依河而建，依水成街，重脊高檐，河埠廊坊，过街骑楼，临河水阁，古色古香，水镇一体，呈现出一派古朴、幽静的风貌。

    江南水乡民居建筑及手绘表现如图 3-8～图 3-11 所示。

图 3-8　江南水乡民居建筑

图 3-9　江南水乡民居建筑手绘表现 (1)　文健　作

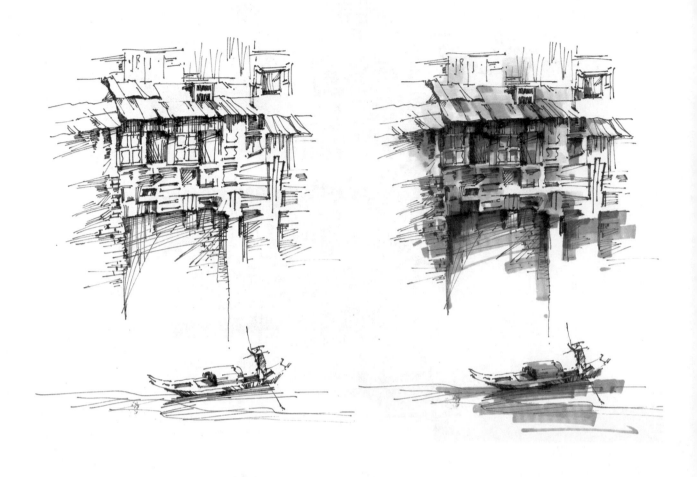

图 3-10　江南水乡民居建筑手绘表现（2）　文健（上图）、郑昌辉（下图）　作

图 3-11 江南水乡民居建筑手绘表现 (3) 文健 (上图)、李明同 (中图、下图) 作

3. 巴蜀民居建筑手绘表现

巴蜀地区地处中国西南部，此处四面环山，中间为平原，是典型的盆地地质结构。这里土地肥沃，物产丰富，自然环境优雅，素有"天府之国"的美誉。

巴蜀文化博大精深，川渝古村落民居既有浪漫奔放的艺术风格，又蕴藏着丰富的想像力，依山傍水的建筑与自然环境紧密联系在一起，显得既豪迈大气，又不失轻巧雅致。其代表有四川的黄龙古镇、福宝古镇和重庆的龚滩古镇、偏岩古镇等。

巴蜀民居建筑及手绘表现如图3-12～图3-14所示。

图 3-12　巴蜀民居建筑

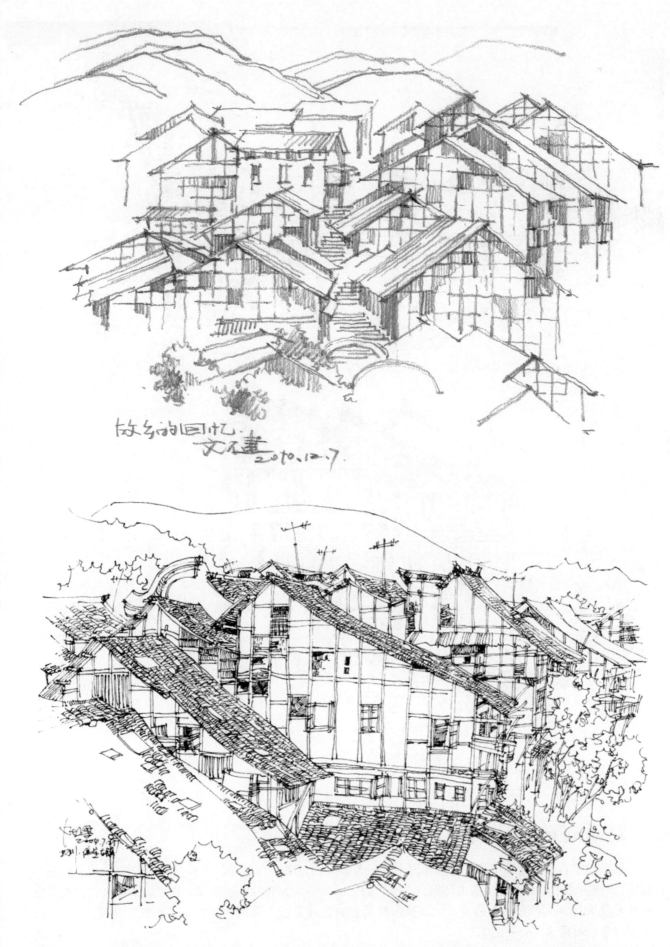

图 3-13 巴蜀民居建筑手绘表现 (1) 文健 (上图)、夏克梁 (下图) 作

图 3-14 巴蜀民居建筑手绘表现 (2) 文健 (上图)、夏克梁 (下图) 作

4. 湖南凤凰民居建筑手绘表现

湖南凤凰古城位于湖南湘西自治州西南部,曾被新西兰著名作家路易艾黎称赞为"中国最美丽的小城"。凤凰古城沿沱江而建,群山环抱,山水秀丽,历史悠久,名胜古迹甚多。这里人杰地灵,是文学巨匠沈从文和国画大师黄永玉的故乡。凤凰古城最美的景观莫过于沿河的一排排吊脚楼,集奇、秀、险、峻于一身,可谓天人合一之作。

湖南凤凰民居建筑及手绘表现如图 3-15～图 3-19 所示。

图 3-15　湖南凤凰民居建筑

图 3-16　湖南凤凰民居建筑手绘表现（1）　文健（上图）、郑昌辉（下图）　作

图 3-17　湖南凤凰民居建筑手绘表现 (2)　文健　作

图 3-18　湖南凤凰民居建筑手绘表现（3）　文健（上图）、郑科（下图）　作

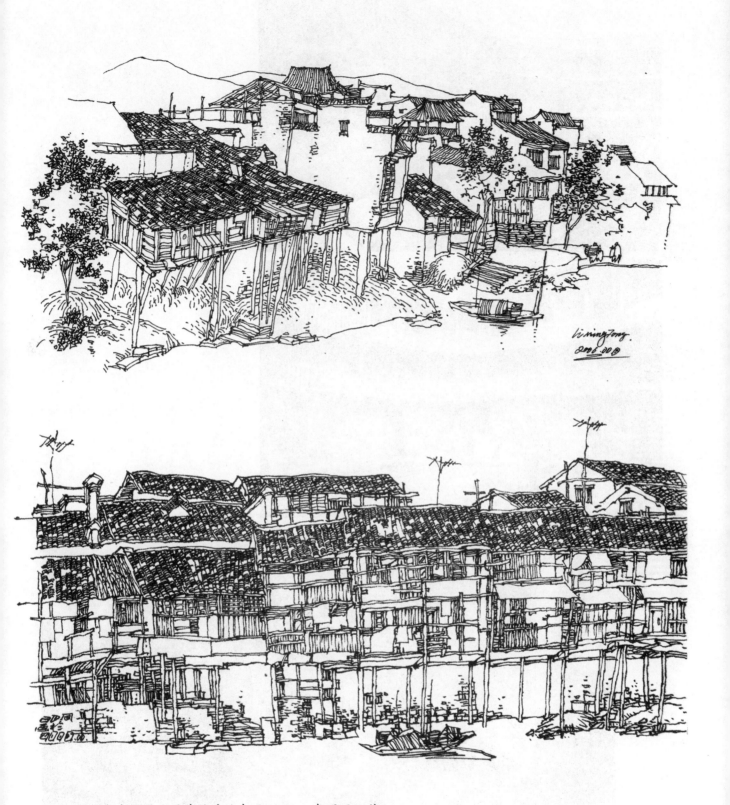

图 3-19　湖南凤凰民居建筑手绘表现（4）　李明同　作

5. 中国其他地方的民居建筑手绘表现

中国其他地方的民居建筑及手绘表现如图 3-20～图 3-40 所示。

图 3-20　福建客家土楼民居建筑

图 3-21　壮族和侗族民居建筑

图 3-22　福建、四川和贵州民居建筑

图 3-23　山西大院民居建筑

图 3-24　中国民居建筑手绘表现（1）　文健　作

图 3-25　中国民居建筑手绘表现（2）　胡华中　作

图 3-26　中国民居建筑手绘表现 (3)　郑昌辉　作

图 3-27 中国民居建筑手绘表现（4） 文健 作

图 3-28　中国民居建筑手绘表现 (5)　郑昌辉　作

图 3-29　中国民居建筑手绘表现（6）　郑昌辉　作

图 3-30　中国民居建筑手绘表现（7）　胡华中　作

图 3-31　中国民居建筑手绘表现（8）　尚龙勇（上图）、宋徽（下图）　作

图 3-32　中国民居建筑手绘表现（9）　白毛　作

图 3-33　中国民居建筑手绘表现（10）　白毛　作

图 3-34　中国民居建筑手绘表现 (11)　白毛　作

图 3-35 中国民居建筑手绘表现 (12)　文健　作

图 3-36 中国民居建筑手绘表现 (13) 曾海鹰 作

图 3-37　中国民居建筑手绘表现 (14)　曾海鹰　作

图 3-38　中国民居建筑手绘表现（15）　李明同　作

图3-39　中国民居建筑手绘表现（16）　周宏智　作

图 3-40　中国民居建筑手绘表现（17）　柳毅　作

1. 徽派民居的建筑特征是什么？

2. 江南水乡民居的建筑特色是什么？

3. 绘制 10 幅民居建筑手绘写生。

一、别墅和城市现代建筑的代表风格

风格即风度、品格，它体现着创作中的艺术特色和个性。别墅和城市现代建筑的风格体现了特定历史时期的文化，蕴含着一个时代人们的居住要求和审美品位。别墅和城市现代建筑风格的形成，是不同的时代思潮和地区特点通过人们的创作构思逐渐发展而成的具有代表性的建筑设计形式，与当时的人文因素和自然条件密切相关，不同的历史时期蕴含着不同的历史文化，使得别墅和城市现代建筑的风格呈现出多元化的特点。

别墅和城市现代建筑的代表风格主要有现代主义风格、解构主义风格、高技派风格、构成主义风格和白色派风格等。

1. 现代主义风格的别墅和城市现代建筑

现代主义运动的核心为 19 世纪初在德国成立的包豪斯设计学院。包豪斯的筹建人格罗皮乌斯对艺术设计教育体系进行了全面改革，提倡技术与艺术相结合，倡导不同艺术门类的综合，主张设计为大众服务，改变了几千年来设计只为少数人服务的立场。它的核心内容是采用简洁的形式达到低造价、低成本的目的。这一时期出现了几位影响未来设计的国际风格大师。

（1）密斯·凡德罗（1886—1969），出生于德国，后入美国籍，是一位既潜心研究细部设计又抱着宗教般信念的设计巨匠。他提出"少就是多"的设计理论，提倡功能主义，反对过度装饰。主张使用白色、灰色等中性色彩，室内结构空间多采用方形组合。在处理手法上主张流动空间的新概念。他的设计作品中各个细部精简到不可再精简的绝对境界，不少作品结构几乎完全暴露，但是它们简约、雅致，结构本身升华为艺术效果的一部分。

密斯·凡德罗对现代主义设计影响深远，其代表作品有巴塞罗那世博会德国馆、西格拉姆大厦和范斯沃斯住宅等。

（2）勒·柯布西耶（1887—1965），出生于瑞士，1917 年定居法国，是一位集绘画、雕塑和建筑于一身的现代主义建筑大师。他的主要观点收集在其自编的论文集《走向新建筑》一书中。在书中，柯布西耶否定了设计的复古主义和折中主义，反对形式主义的设计思路，强调设计应功能至上，追求机械美的效果，推崇理性化的设计原则。他认为："世界中的一切事物都可以放到理性的制度上加以校正，理性思维是支配人们进行研究思考及行事的基础。"

勒·柯布西耶提出了"建筑是居住的机器"的著名论点，他的现代建筑核心内容被理论界归纳为五条基本原则。

第一，结构形式：由柱支承结构，而不是传统的承重墙支承。

第二，空间构成：建筑下部留空，形成建筑的六个面，而不是传统的五个面。

第三，屋顶花园：屋顶设计成平台结构，可做屋顶花园，供居住者休闲用。

第四，流动空间：室内采用开敞设计，减少用墙面分隔房间的传统方式。

第五，窗户独立：窗户采用条形，与建筑本身的承力结构无关，窗结构独立。

勒·柯布西耶的代表作品有萨伏伊别墅、马赛公寓和朗香教堂等。

（3）赖特（1867—1959），出生于美国，是世界著名的现代建筑大师。赖特提倡有机建筑，创造了富有田园诗意的草原式住宅。赖特提出的"美国风格"住宅多采用现代主义的简单的几何形式，外观简洁、大方，室内空间流动，细节丰富。他既运用新材料和新结构，又始终重视和发挥传统建筑材料的优点，并善于把两者结合起来。同自然环境的紧密配合是赖特建筑作品最大特色，赖特的建筑使人觉得亲切而有深度。

现代主义风格的别墅和城市现代建筑如图 4-1～图 4-3 所示。

图 4-1　现代主义风格建筑大师密斯·凡德罗设计的巴塞罗那世博会德国馆

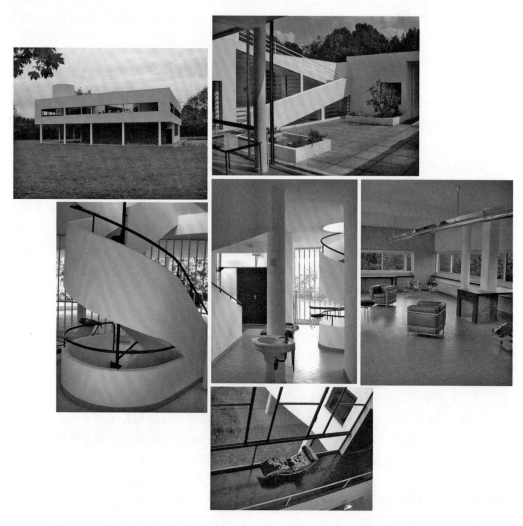

图 4-2　现代主义风格建筑大师勒·柯布西耶设计的萨伏伊别墅

图 4-3 现代主义风格建筑大师赖特设计的流水别墅

2. 解构主义风格的别墅和城市现代建筑

解构主义是 20 世纪 60 年代以法国哲学家德里达为代表所提出的哲学观念，是对 20 世纪前期欧美盛行的结构主义理论思想传统的质疑和批判。解构主义认为一切固有的确定性，所有的既定界限、概念和范畴都应该颠覆和推翻，主张以创新思想来解析和重组各种理论。解构主义风格的别墅和城市现代建筑对传统古典设计模式和构图规律采取否定的态度，强调不受历史文化和传统理性的约束，追求创新的设计理念。其主要观点如下。

(1) 强调设计的个性，无中心，无约束，无绝对权威。

(2) 追求毫无关系的复杂性，运用分解、叠加和重组等设计手法创造新的样式，喜爱抽象和不和谐的形态。

(3) 热衷于支解既有的设计理论，创造新颖、奇特的新形象。

(4) 强调设计的无秩序性，追求设计的多元化和非统一化。

解构主义风格的代表人物有盖里、库哈斯、屈米、波菲尔和扎哈·哈迪德等。解构主义风格的别墅和城市现代建筑如图4-4～图4-7所示。

图4-4 解构主义风格建筑大师盖里设计的西班牙毕尔巴鄂古根海姆博物馆

图4-5 解构主义风格建筑大师屈米的作品

图 4-6　解构主义风格建筑师波菲尔的作品

图 4-7　解构主义风格建筑师扎哈·哈迪德设计的维特拉消防站（左上图）和广州歌剧院（右上图、左下图和右下图）

3. 高技派风格的别墅和城市现代建筑

高技派亦称"重技派"，活跃于 20 世纪 50—70 年代，在理论上极力宣扬机器美学和新技术的美感，注意表现高度工业技术的设计倾向，讲究精美技术与粗野主义相结合。其主要特点如下。

（1）提倡采用新材料高强钢、硬铝和塑料等来制造体量轻、用料少、能够快速与灵活装配的建筑。

（2）暴露结构，构造外翻，显示内部构造和管道线路，着力反映工业成就，体现工业技术的机械美感，宣传未来主义。

（3）努力营造透明的空间效果，室内多采用玻璃、金属等透明和半透明材料。

（4）强调新时代的审美观应考虑技术的决定因素，力求使高度工业技术接近人们习惯的生活方式和传统的美学观。

高技派风格建筑的代表作有巴黎蓬皮杜艺术与文化中心、香港汇丰银行大厦和奇葩欧文化中心等。高技派风格的别墅和城市现代建筑如图 4-8 所示。

图 4-8　高技派风格的城市现代建筑

4. 构成主义风格的别墅和城市现代建筑

构成主义风格兴起于 20 世纪 20 年代的俄国运动，以画家蒙德里安和设计师里特维尔德为代表，强调纯造型的表现和绝对抽象的设计原则，主张从传统及个性崇拜的约束下解放艺术，认为艺术应脱离于自然而取得独立，艺术家只有用几何形象的组合和构图来表现宇宙根本的和谐法则才是最重要的。

构成主义风格还认为"把生活环境抽象化，这对人们的生活就是一种真实"。构成主义风格建筑经常采用几何形体，常以几何方块为基础，并通过屋顶和墙面的凹凸及强烈的色彩对块体进行强调。色彩上以红、黄、蓝三原色为主调，辅以黑、灰、白等无彩色，在色彩及造型方面都具有极为鲜明的特征与个性。

构成主义风格的别墅和城市现代建筑如图 4-9 所示。

图 4-9 构成主义风格的三大经典：里特维尔德设计的红蓝黄椅（左上图）、乌德勒支住宅（右图）
和蒙德里安的"冷抽象"绘画（左下图）

5. 白色派风格的别墅和城市现代建筑

白色派风格是后现代主义建筑设计风格中一个重要的派别，其主要的设计特点如下。

（1）在建筑和室内设计中大量使用白色，给人以纯净、简约和朴素的感觉，也使建筑富有深沉的思想内涵，表现出一种超凡脱俗的意境。

（2）注重建筑与自然环境的结合，重视建筑内部空间的利用，强调空间的功能分区，以及室内与室外景观的相互渗透。

（3）简化装饰，注重整体效果，较少细节处理。

白色派风格的代表人物是美国建筑师理查德·迈耶，其代表作是道格拉斯住宅，如图 4-10 所示。

图4-10 白色派风格别墅设计的代表——道格拉斯住宅

二、别墅和城市现代建筑的手绘表现

别墅和城市现代建筑的手绘表现如图4-11～图4-46所示。

图4-11 别墅和城市现代建筑的手绘表现（1） 胡华中 作

两层度假小别墅设计：

　　以对人们最具有亲切感的实市、石头和水等为基市设计元素结合现代材料，以通风很好的传统杆栏式建筑结合现代建筑美学，时尚又经典。

一层度假小别墅设计：

　　重山水梦幻、重空间流线、重空间情趣、重生活感悟，使人在有限的空间里获得无穷的体验。

图 4-12　别墅和城市现代建筑的手绘表现（2）　胡华中、闫杰　作

图4-13　别墅和城市现代建筑的手绘表现 (3)　胡华中　作

图 4-14　别墅和城市现代建筑的手绘表现（4）　胡华中　作

图 4-15　别墅和城市现代建筑的手绘表现（5）　沙沛　作

图 4-16　别墅和城市现代建筑的手绘表现 (6)　沙沛 (上图)、潘俊杰 (下图)　作

图4-17　别墅和城市现代建筑的手绘表现（7）　　胡华中（上图）、闫杰、胡华中（下图）　作

图 4-18　别墅和城市现代建筑的手绘表现（8）　闫杰　作

图 4-19　别墅和城市现代建筑的手绘表现 (9)　梁家杰　作

图4-20 别墅和城市现代建筑的手绘表现（10） 文健（上图）、谢尘（下图） 作

图 4-21 别墅和城市现代建筑的手绘表现 (11) 谢尘 作

图 4-22 别墅和城市现代建筑的手绘表现 (12) 谢尘 (上图)、文健 (下图) 作

图 4-23　别墅和城市现代建筑的手绘表现 (13)　文健　作

图 4-24 别墅和城市现代建筑的手绘表现 (14) 梁家杰 作

图 4-25 别墅和城市现代建筑的手绘表现 (15) 胡华中 作

图 4-26　别墅和城市现代建筑的手绘表现（16）　文健　作

图 4-27　别墅和城市现代建筑的手绘表现 (17)　文健　作

图 4-28　别墅和城市现代建筑的手绘表现（18）　文健（上图）、闫杰（下图）　作

图 4-29　别墅和城市现代建筑的手绘表现 (19)　杨健　作

图 4-30　别墅和城市现代建筑的手绘表现 (20)　　杨健（上图）、夏克梁（下图）　作

图 4-31　别墅和城市现代建筑的手绘表现 (21)　边雪 (上图)、沙沛 (中图)、李权 (下图)　作

图 4-32　别墅和城市现代建筑的手绘表现（22）　胡文辉（上图）、邓超林（下图）　作

图 4-33　别墅和城市现代建筑的手绘表现（23）　　陈红卫　作

图 4-34 别墅和城市现代建筑的手绘表现 (24)　陈红卫 (上图)、麦克·W.林 (下图)　作

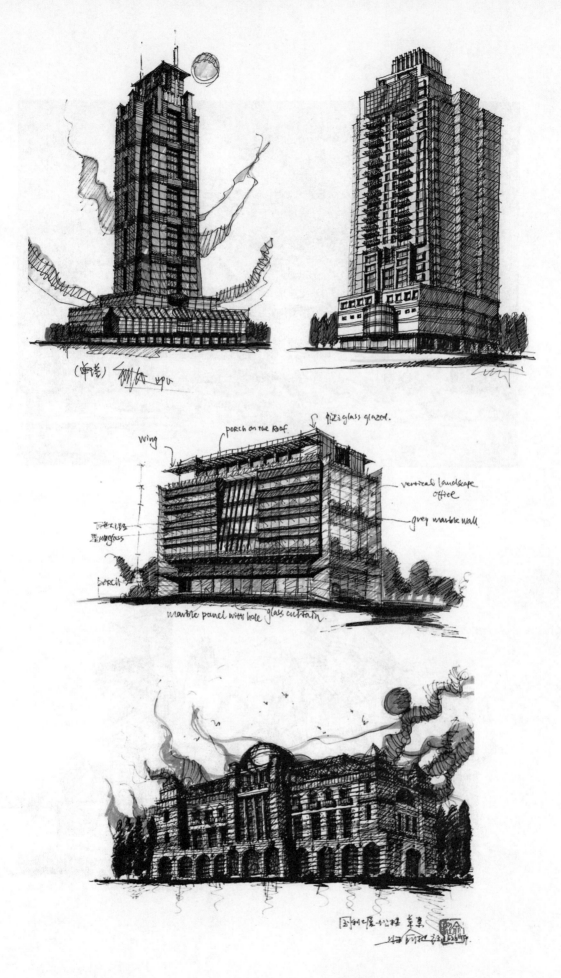

图 4-35　别墅和城市现代建筑的手绘表现 (25)　俞挺　作

图 4-36 别墅和城市现代建筑的手绘表现 (26) 伦家良 作

图 4-37　别墅和城市现代建筑的手绘表现 (27)　文健　作

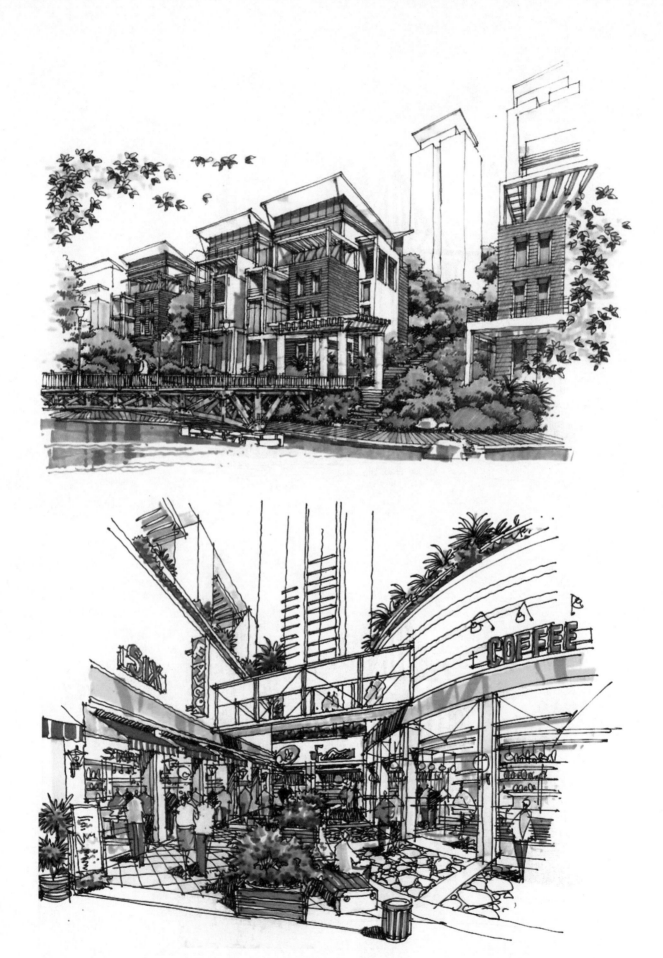

图 4-38　别墅和城市现代建筑的手绘表现（28）　王珂　作

图 4-39　别墅和城市现代建筑的手绘表现 (29)　郑成标　作

图 4-40　别墅和城市现代建筑的手绘表现（30）　娄小云　作

图 4-41　别墅和城市现代建筑的手绘表现（31）　丁选（上图）、尚龙勇（下图）　作

图 4-42　别墅和城市现代建筑的手绘表现 (32)　尚龙勇　作

图 4-43　别墅和城市现代建筑的手绘表现（33）　尚龙勇　作

图 4-44　别墅和城市现代建筑的手绘表现 (34)　　陈红卫　作

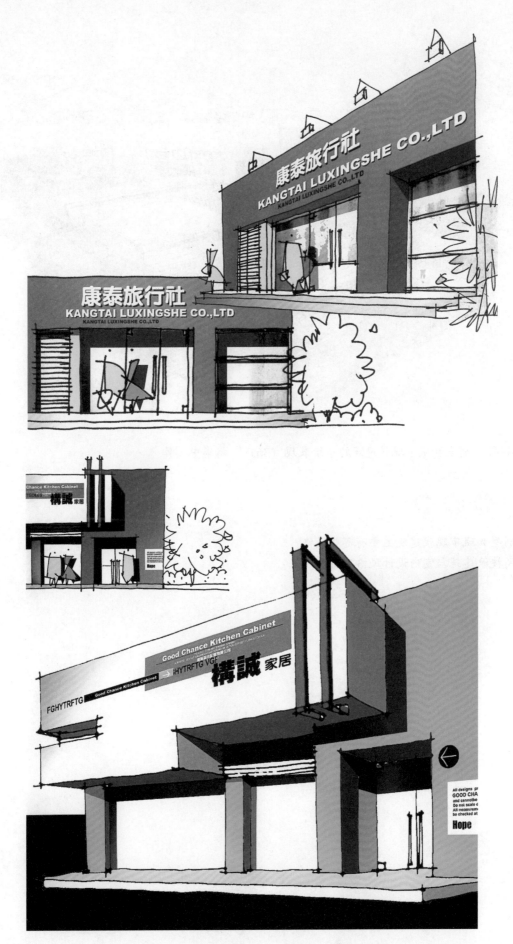

图 4-45　别墅和城市现代建筑的手绘表现（35）　陈译　作

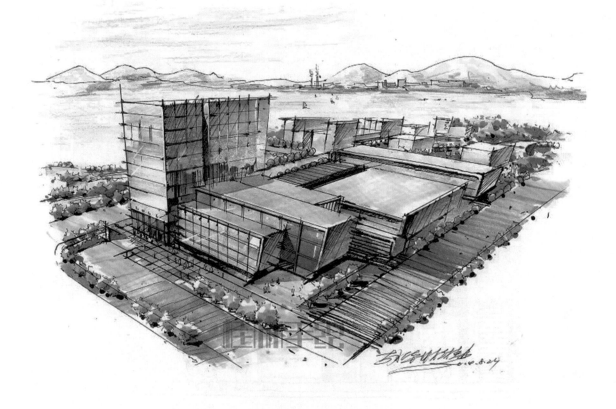

图 4-46　别墅和城市现代建筑的手绘表现（36）　胡华中　作

1. 别墅和城市现代建筑主要有哪些风格？
2. 高技派建筑与室内设计风格有哪些特点？

优秀建筑效果图手绘作品欣赏如图 5-1～图 5-33 所示。

图 5-1　民居建筑写生（1）　娄小云　作

图 5-2　民居建筑写生（2）　娄小云　作

图 5-3　民居建筑写生（3）　夏克梁　作

图 5-4　民居建筑写生（4）　郑昌辉（上图）、高正江（下图）　作

图 5-5 建筑写生 (1) 夏克梁 (上图)、奥利弗 (下图) 作

图 5-6 建筑写生 (2) 奥利弗 作

图 5-7 建筑写生 (3) 崔笑声 作

图 5-8　建筑写生（4）　周宏智　作

图 5-9　建筑写生（5）　谢尘（上图）、叶惠民（下图）　作

图5-10 建筑写生（6） 叶惠民（上图）、陈琳琳（下图） 作

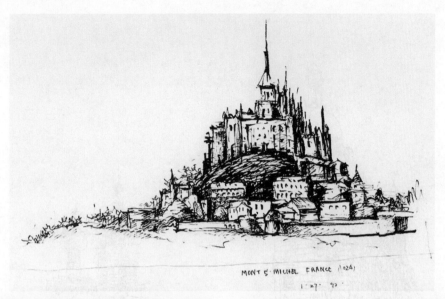

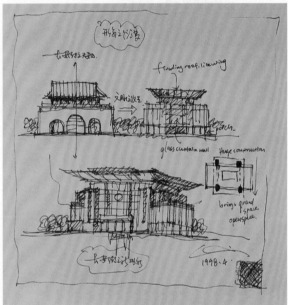

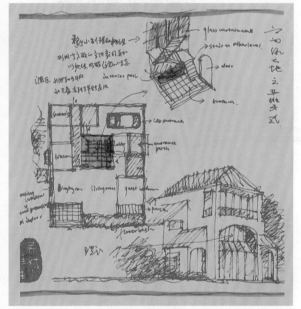

图 5-11　建筑写生 (7)　俞挺　作

图 5-12　建筑写生（8）　柳军（上图）、胡华中（下图）　作

图 5-13 建筑写生（9）　闫杰（上图）、胡华中（下图）　作

图 5-14　建筑写生 (10)　朱瑾　作

图 5-15　建筑写生（11）　闫鹏　作

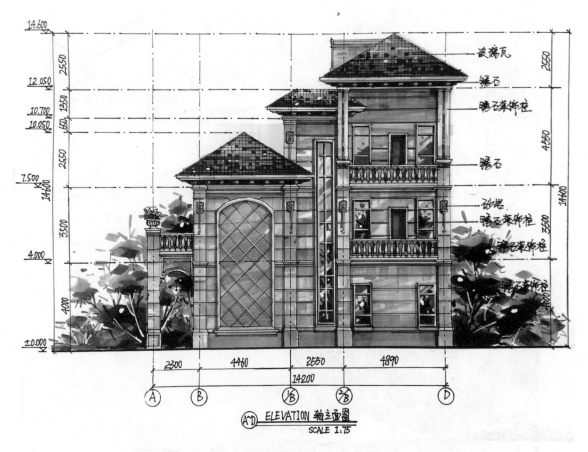

图 5-16 别墅手绘表现 (1) 学生作品

图 5-17　别墅手绘表现（2）　学生作品

B-B'剖面图

图 5-18　园林建筑手绘表现（1）　学生作品

图 5-19　园林建筑手绘表现 (2)　学生作品

图 5-20　园林建筑手绘表现 (3)　某园林景观公司作品

图 5-21 园林建筑手绘表现 (4) 某园林景观公司作品

图 5-22 园林建筑手绘表现 (5) 某园林景观公司作品

图 5-23　建筑手绘表现（1）　乔纳森·安德鲁　作

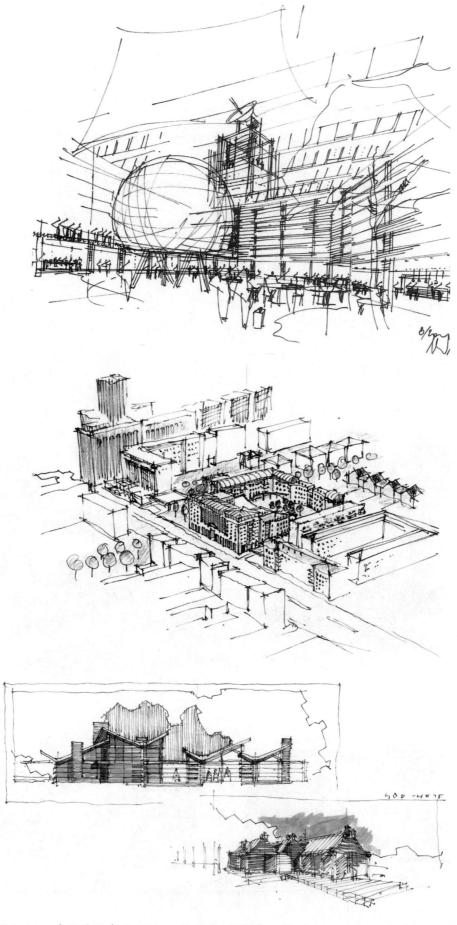

图 5-24　建筑手绘表现（2）　乔纳森·安德鲁　作

图 5-25　建筑手绘表现（3）　约翰内斯·默勒　作

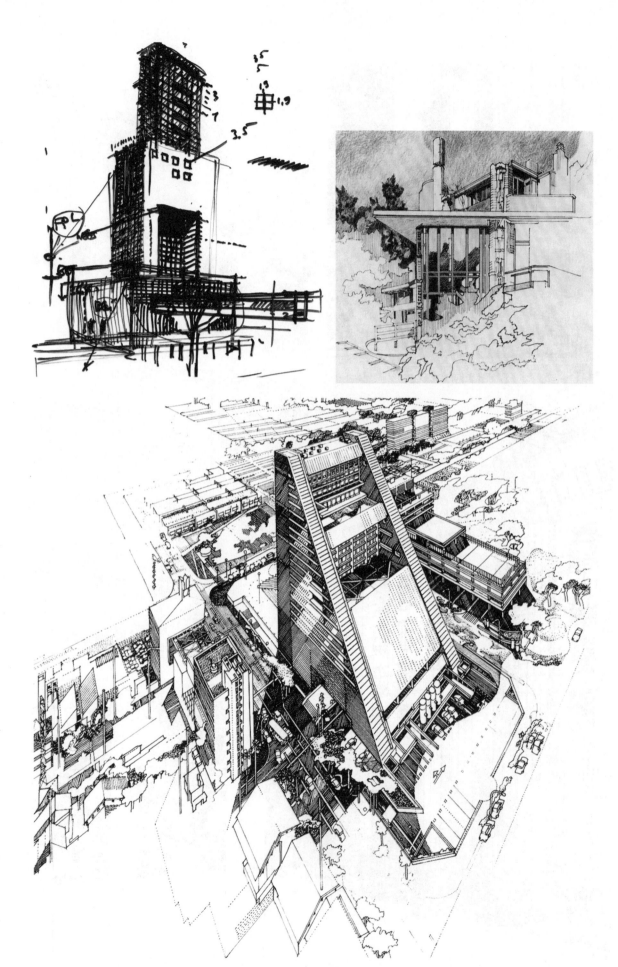

图 5-26 建筑手绘表现 (4) 约翰内斯·默勒 作

图 5-27　建筑手绘表现 (5)　某建筑设计公司作品

图 5-28　建筑手绘表现 (6)　沃特森　作

图 5-29　建筑手绘表现（7）　麦克·W.林　作

图 5-30　建筑手绘表现（8）　吴冠中　作

图 5-31　园林和建筑手绘表现　国外某园林公司作品（上图、中图）、吴冠中（下图）

图 5-32　别墅效果图手绘表现　沙沛　作

图 5-33　欧洲教堂建筑写生　唐亮　作

参 考 文 献

[1] 陆守国 . 今日手绘：陆守国 . 天津：天津大学出版社，2008.

[2] 辛冬根 . 今日手绘：辛冬根 . 天津：天津大学出版社，2008.

[3] 岑志强 . 今日手绘：岑志强 . 天津：天津大学出版社，2008.

[4] 夏克梁 . 今日手绘：夏克梁 . 天津：天津大学出版社，2008.

[5] 赵国斌 . 室内设计手绘效果图表现技法 . 福州：福建美术出版社，2006.

[6] 俞雄伟 . 室内效果图表现技法 . 杭州：中国美术学院出版社，2004.

[7] 吴晨荣，周东梅 . 手绘效果图技法 . 上海：东华大学出版社，2006.

[8] 李强 . 手绘表现 . 天津：天津大学出版社，2005.

[9] 李强 . 手绘设计表现 . 天津：天津大学出版社，2004.

[10] 刘远智 . 刘远智建筑速写 . 北京：中国建筑工业出版社，1995.

[11] 马国强，孙韬，叶楠 . 人物速写 . 郑州：河南美术出版社，2001.

[12] 唐鼎华 . 设计素描 . 上海：上海人民美术出版社，2004.

[13] 张英超 . 于小冬讲速写 . 福州：福建美术出版社，2006.

[14] 冯峰，卢鹿鹿 . 设计素描 . 广州：岭南美术出版社，2000.

[15] 林家阳 . 设计素描教学 . 北京：东方出版中心，2007.

[16] 章又新 . 中国建筑画：清华大学专辑 . 北京：中国建筑工业出版社，1996.

[17] 章又新 . 中国建筑画：天津大学专辑 . 北京：中国建筑工业出版社，1996.

[18] 齐康 . 齐康建筑画选 . 北京：中国建筑工业出版社，1994.

[19] 严跃 . 钢笔园林画技法 . 北京：中国青年出版社，2001.

[20] 林晃，八木泽梨穗 . 最新卡通漫画技法 . 北京：中国青年出版社，2005.

[21] 谢尘 . 户外钢笔写生技法详解 . 武汉：湖北美术出版社，2008.